Unidad 5

La fracción: términos, lectura y escritura

1 Expresa las siguientes situaciones en forma de fracción:

El entrenador de un equipo de fútbol ha seleccionado a 18 jugadores de 25 para el partido del domingo.

Iván se ha comido 4 quesitos de una caja de 24.

Somos 30 alumnos en mi clase y he invitado a 6 a mi fiesta de cumpleaños.

Carla ha perdido 7 horquillas del total de 14 que tenía.

2 Expresa en forma de fracción los siguientes rectángulos coloreados:

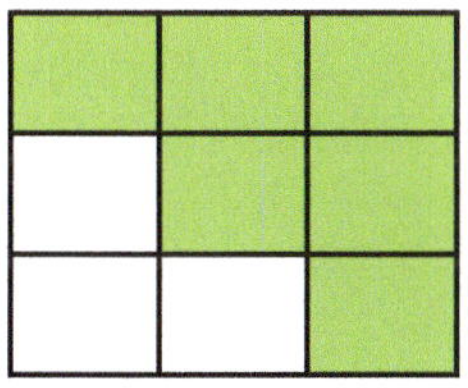

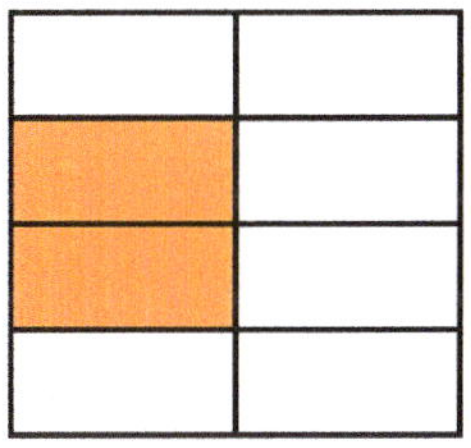

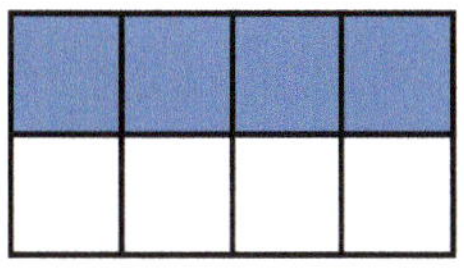

3 Indica en la tabla cuál de los términos de las siguientes fracciones es el numerador y cuál es el denominador. Fíjate en el ejemplo:

Fracción	Numerador	Denominador
$\frac{3}{2}$	3	2
$\frac{4}{21}$		
$\frac{70}{3}$		
$\frac{85}{9}$		
$\frac{7}{14}$		
$\frac{6}{22}$		
$\frac{31}{43}$		

4 Relaciona las siguientes fracciones con sus nombres:

$\frac{3}{2}$

$\frac{12}{5}$

$\frac{6}{13}$

$\frac{20}{4}$

Siete novenos

Veinte cuartos

Doce quintos

Dos diecisieteavos

Seis treceavos

Seis tercios

Tres medios

$\frac{6}{3}$

$\frac{7}{9}$

$\frac{2}{17}$

Fracción como división

5 Relaciona cada fracción con el resultado de su cociente.

$\frac{6}{3}$	$\frac{36}{3}$	$\frac{200}{5}$	$\frac{500}{10}$
40	50	12	2

6 Escribe en forma de fracción y calcula el resultado:

– Lidia ha ganado 4 de las 16 canicas de Jaime.

– Ana reparte 6 cartas a cada jugador de las 48 cartas de la baraja.

7 Tengo una barra de pan y quiero hacer 3 bocadillos iguales. ¿Qué fracción de la barra de pan representa cada bocadillo?

Comparación con la unidad

8 Colorea las fracciones más grandes que la unidad y represéntalas en rectángulos.

$\frac{10}{8}$

$\frac{7}{13}$

$\frac{12}{6}$

$\frac{4}{20}$

9 Sara y sus amigos han comprado 2 cajas de galletas. Cada caja contiene 12 galletas. Si se comen 20/12 del total de las cajas, ¿han comido más o menos de una caja?

– ¿Se han terminado las dos cajas de galletas?

10 Rodea las fracciones más pequeñas que la unidad y represéntalas en círculos.

$\frac{9}{8}$ $\frac{4}{12}$ $\frac{3}{6}$ $\frac{5}{4}$

11 Representa las siguientes fracciones y ordénalas de menor a mayor:

$\frac{3}{8}$

$\frac{1}{6}$

$\frac{2}{9}$

$\frac{3}{3}$

$\frac{5}{7}$

$\frac{\square}{\square} < \frac{\square}{\square} < \frac{\square}{\square} < \frac{\square}{\square} < \frac{\square}{\square}$

12 Escribe dos fracciones diferentes que sean iguales que la unidad y describe posibles situaciones de la vida real que puedan representar.

Fracción decimal y número decimal

13 Calcula los números decimales que representan estas fracciones:

$\frac{85}{100}$ $\frac{1.452}{1.000}$ $\frac{243}{10}$ $\frac{68}{10}$

14 Completa la tabla.

Fracción decimal	Número decimal	Se lee
$\frac{85}{100}$		
	6,8	
		Doce centésimas
		Veintitrés milésimas

15 Relaciona las cifras siguientes con los números decimales correspondientes y con su fracción decimal:

3 milésimas	3	$\frac{3}{10}$
3 centésimas	0,3	$\frac{3}{1.000}$
3 décimas	0,03	$\frac{3}{1}$
3 unidades	0,003	$\frac{3}{100}$

Fracción de un número

16 Calcula:

$\frac{20}{6}$ de 255

$\frac{1}{100}$ de 6.200

$\frac{9}{4}$ de 450

$\frac{2}{40}$ de 80

17 Relaciona cada expresión con el resultado correspondiente.

$\frac{2}{4}$ de 600	5.040
$\frac{12}{7}$ de 7.000	1.400
$\frac{7}{9}$ de 1.800	300
$\frac{63}{8}$ de 640	12.000

18 Para hacer un bizcocho de chocolate, el abuelo de Lucas tiene que usar 2/3 de una tableta de chocolate de 450 gramos. ¿Cuántos gramos de chocolate tiene que poner en el bizcocho?

Fracciones equivalentes

19 Indica si las siguientes partes coloreadas son equivalentes y razona tu respuesta:

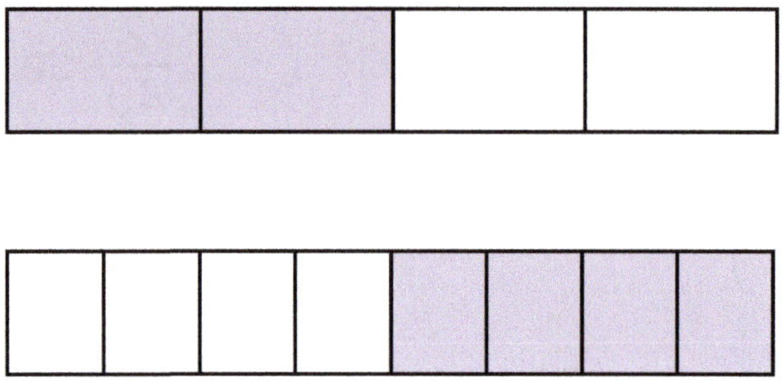

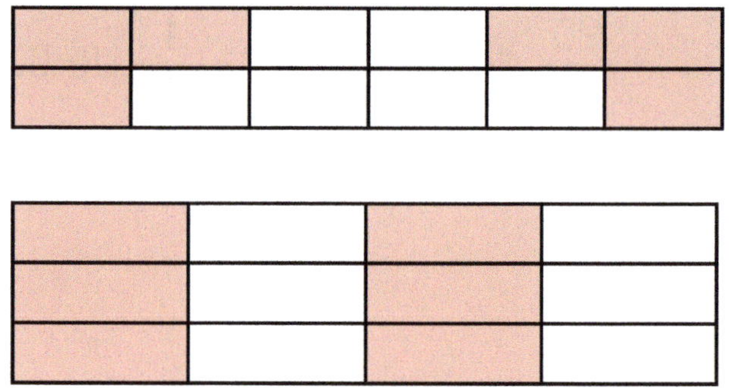

20 Usa la propiedad fundamental de las fracciones y rodea las igualdades que sean ciertas.

$\frac{12}{4} = \frac{24}{8}$ $\frac{24}{7} = \frac{6}{4}$ $\frac{5}{9} = \frac{25}{45}$ $\frac{60}{3} = \frac{12}{5}$

21 Relaciona las fracciones equivalentes.

$\frac{5}{4}$	$\frac{48}{28}$
$\frac{12}{7}$	$\frac{120}{6}$
$\frac{60}{3}$	$\frac{1.260}{930}$
$\frac{420}{310}$	$\frac{25}{20}$

Comparación de fracciones

22 Escribe las fracciones que representan los siguientes rectángulos coloreados y ordénalas de mayor a menor:

$\frac{\square}{\square}$

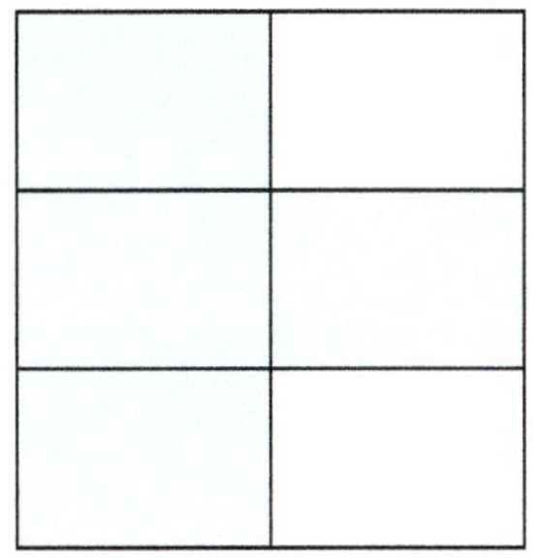

$\frac{\square}{\square}$

$\frac{\square}{\square}$

$\frac{\square}{\square}$

$$\frac{\square}{\square} > \frac{\square}{\square} > \frac{\square}{\square} > \frac{\square}{\square}$$

23 Ordena las siguientes fracciones de menor a mayor:

$\frac{4}{8} \quad \frac{9}{8} \quad \frac{1}{8} \quad \frac{28}{8} \quad \frac{3}{8}$ $\quad \square < \square < \square < \square < \square$

$\frac{12}{3} \quad \frac{12}{7} \quad \frac{12}{9} \quad \frac{12}{2} \quad \frac{12}{36}$ $\quad \square < \square < \square < \square < \square$

$\frac{6}{9} \quad \frac{1}{3}$ $\quad \square < \square$

24 **Colorea el dodecágono siguiendo el código.**

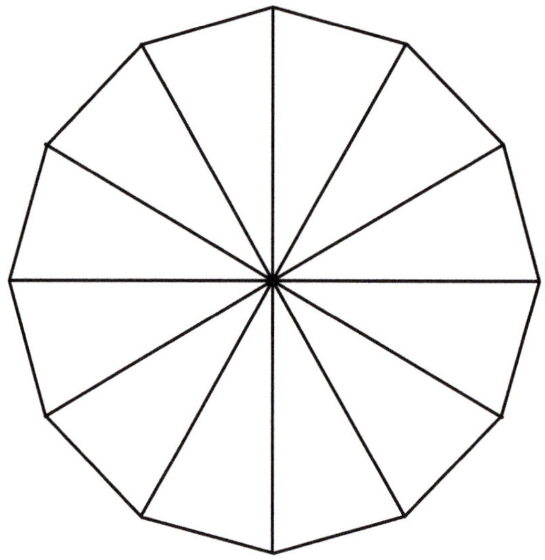

– ¿Qué fracción representa la parte no coloreada? ______

– ¿Qué parte es más grande, la parte coloreada o la no coloreada?

______

25 **Carlos y Rebeca han preparado una *pizza* cada uno. Carlos la ha cortado en 8 porciones y Rebeca en 6. Carlos se ha comido 5 porciones de su *pizza* y Rebeca 3 porciones de la suya.**

– Colorea la cantidad de *pizza* que ha comido cada uno y exprésala con una fracción.

– ¿Cuál de los dos ha comido más *pizza*? ______

Unidad 6

Operaciones con fracciones

1 Resuelve las siguientes sumas:

$\frac{3}{5} + \frac{8}{5} =$

$\frac{12}{40} + \frac{27}{40} =$

$\frac{20}{16} + \frac{81}{16} =$

$\frac{49}{37} + \frac{10}{37} =$

2 Expresa en forma de fracción y suma:

Seis tercios más ocho tercios.

Siete cuartos más diez cuartos.

Quince veinteavos más doce veinteavos.

Ocho medios más siete medios.

3 Colorea 1/4 de color naranja y 2/4 de color verde.

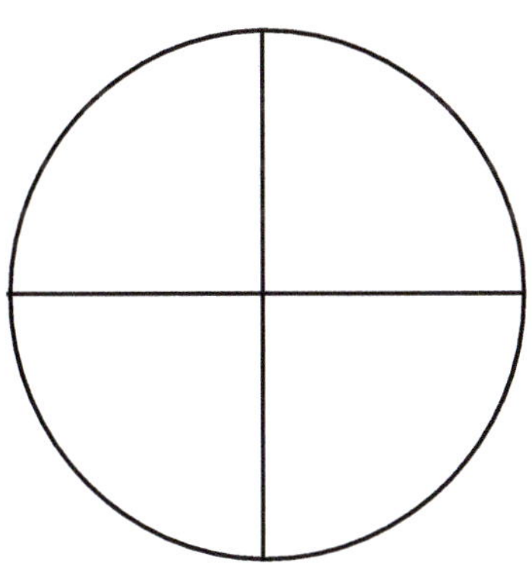

– ¿Qué fracción ha quedado sin colorear?

– ¿Qué fracción has coloreado en total?

4 Completa el siguiente cuadro de las sumas de fracciones para que los resultados sean correctos:

$\frac{3}{12}$	+		=	$\frac{9}{12}$
+		+		+
		$\frac{2}{12}$		$\frac{3}{12}$
=		=		=
$\frac{4}{12}$	+	$\frac{8}{12}$	=	

5 Juan está ayudando a su padre a pintar de rojo la verja del jardín. Su padre ha pintado 3/12 de verja y Juan ha pintado 5/12 de verja. Su padre le dice: «Ánimo, que ya estamos acabando». ¿Tiene razón el padre de Juan? ¿Cuánto les queda por pintar?

6 Inventa y resuelve un problema con una situación de la vida real en el cual utilices las siguientes restas. Fíjate en el ejemplo.

Divido una *pizza* en 8 partes iguales y me como 3. $\frac{8}{8} - \frac{3}{8} = \frac{5}{8}$

$\frac{3}{4} - \frac{2}{4} =$

$\frac{4}{9} - \frac{1}{9} =$

7 **Escribe en forma de fracción y realiza las operaciones correspondientes.**

Veintidós quintos
menos siete quintos.

Cuatro medios
menos un medio.

Diecisiete séptimos
menos ocho séptimos.

8 **Colorea de amarillo 6/8 menos 4/8 de la siguiente figura:**

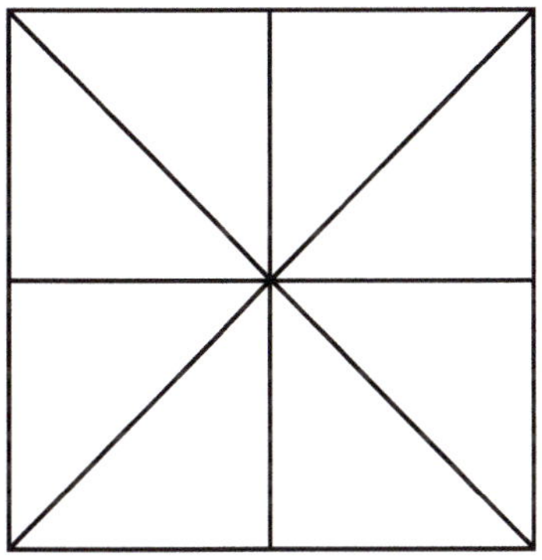

-¿Qué fracción has coloreado? $\frac{\square}{\square}$

-¿Qué fracción falta por colorear? $\frac{\square}{\square}$

9 **Completa las siguientes operaciones con la fracción que falta:**

$\frac{12}{4} - \_\_\_\_ = \frac{5}{4}$

$\_\_\_\_ - \frac{13}{15} = \frac{24}{15}$

$\frac{60}{58} - \frac{31}{58} = \_\_\_\_$

10 **Carmen ha leído 4/8 del libro que ha recomendado la profesora de Literatura y su amigo Pablo se ha leído 1/8. ¿Cuánto ha leído Carmen más que Pablo?**

11 Escribe en forma de multiplicación y calcula el resultado:

$\frac{2}{4} + \frac{2}{4} + \frac{2}{4} + \frac{2}{4}$

$\frac{12}{9} + \frac{12}{9} + \frac{12}{9}$

$\frac{2}{13} + \frac{2}{13} + \frac{2}{13} + \frac{2}{13} + \frac{2}{13} + \frac{2}{13}$

$\frac{3}{7} + \frac{3}{7} + \frac{3}{7} + \frac{3}{7} + \frac{3}{7}$

12 Completa para que se cumplan las igualdades:

$\square \times \frac{10}{5} = \frac{30}{5}$

$6 \times \frac{\square}{7} = \frac{48}{7}$

$9 \times \frac{8}{\square} = \frac{72}{4}$

13 Resuelve las siguientes multiplicaciones de fracciones por números:

$4 \times \frac{31}{6} = \frac{\square}{\square}$

$12 \times \frac{15}{20} = \frac{\square}{\square}$

14 La abuela de Clara ha preparado una tarta de chocolate sin gluten para su cumpleaños. Ha utilizado 2/3 de kilo de harina de maíz, 2/3 de kilo de harina de arroz y 2/3 de kilo de harina de garbanzos. ¿Cuánta harina ha utilizado en total?

– Exprésalo en forma de un producto de un número por una fracción y calcula el resultado.

Operaciones combinadas

15 Resuelve las operaciones en el orden indicado.

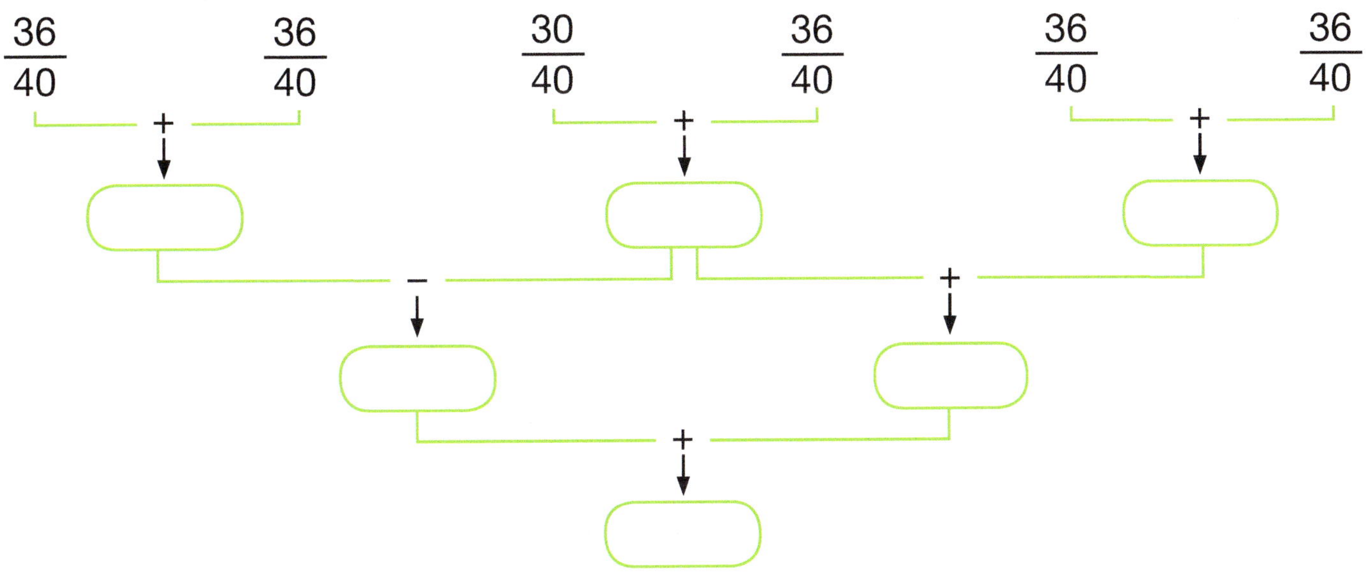

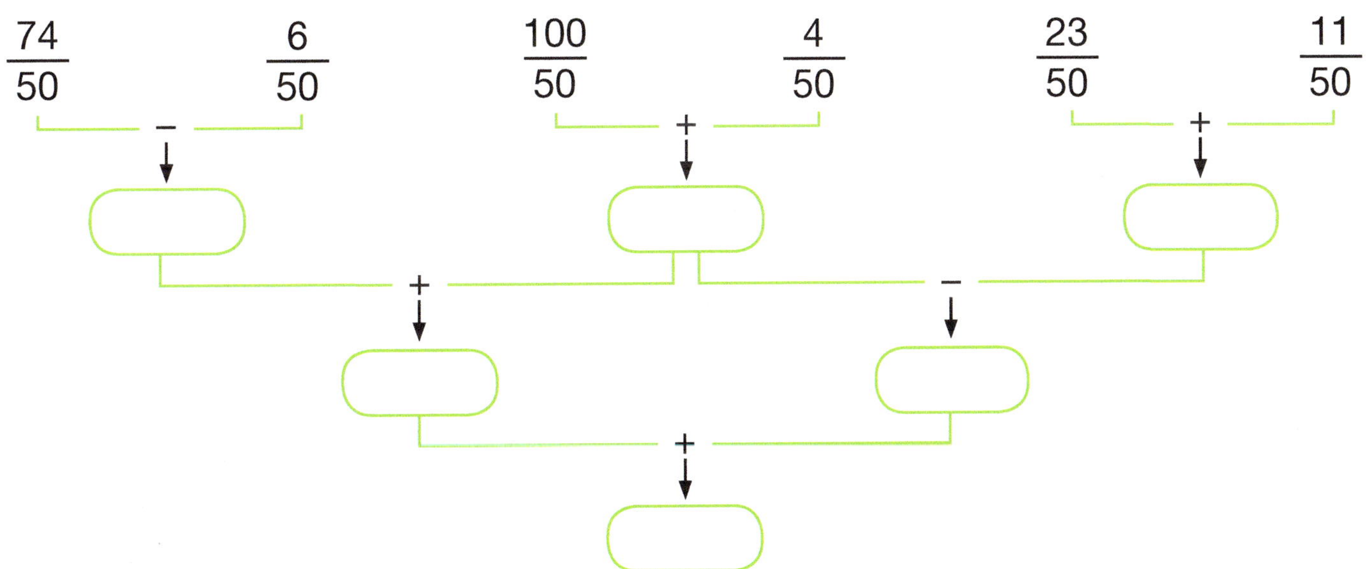

16 Calcula:

$5 \times \frac{6}{9} + \frac{12}{9} =$

$\frac{7}{12} + \frac{4}{12} \times 2 =$

$\frac{71}{5} + 8 \times (\frac{8}{5} - \frac{7}{5}) =$

17 Completa con la fracción que falta:

$\frac{7}{12} + \boxed{\frac{\quad}{\quad}} = \frac{12}{12}$

$\frac{71}{30} - \boxed{\frac{\quad}{\quad}} = \frac{51}{30}$

$\boxed{\frac{\quad}{\quad}} + \frac{6}{5} = \frac{10}{5}$

$\boxed{\frac{\quad}{\quad}} - \frac{2}{9} = \frac{3}{9}$

$\frac{20}{15} + \left(\frac{24}{15} - \boxed{\frac{\quad}{\quad}}\right) + \frac{21}{15} = \frac{55}{15}$

$\frac{40}{17} - \left(\frac{13}{17} + \boxed{\frac{\quad}{\quad}} + \frac{4}{17}\right) = \frac{17}{17}$

18 Suma las partes naranjas y verdes del dibujo y réstales las partes amarilla y azules.

19 Queremos hacer macedonia de postre y compramos 1/4 de kilo de uvas, 2/4 de kilo de manzanas, 1/4 de kilo de kiwis y 2/4 de kilo de naranjas. ¿Cuánta fruta hemos comprado?

Cálculo de porcentajes

20 **¿Qué fracción representa cada una de las siguientes situaciones?**

– De 100 alumnos que hay en la escuela, 45 son niñas. $\frac{}{}$

– De 100 euros, ahorro 23. $\frac{}{}$

– En la frutería hay 100 manzanas a la venta y 5 se han estropeado. $\frac{}{}$

21 **Une cada fracción con su porcentaje correspondiente.**

$\frac{21}{100}$ $\frac{45}{100}$ $\frac{12}{100}$ $\frac{48}{100}$ $\frac{95}{100}$ $\frac{55}{100}$

45 % 55 % 95 % 12 % 21 % 48 %

22 **Calcula:**

El 12 % de 360.

El 80 % de 64.

23 **El coche de mi tío costó 12.500 €. Ahora lo quiere vender por un 40 % de lo que pagó en su momento. ¿Por cuánto dinero lo vende?**

Reducciones y aumentos porcentuales

24 Calcula:

El 2 % de 80.

El 50 % de 950.

El 24 % de 400.

25 Miguel va al banco a ingresar un cheque de 340 €. Si la operación tiene un 1 % de comisión, ¿cuánto dinero ingresará tras descontar la comisión?

26 Eduardo tiene que pagar un impuesto con un importe de 120 €. Se olvidó de pagarlo en el plazo adecuado y ahora tendrá que pagar un recargo del 2 %. ¿Cuánto tiene que pagar?

27 Ana y Lidia van de rebajas y encuentran unos pantalones de 50 € con una rebaja del 20 %. ¿Cuánto cuestan?

– En las mismas rebajas, una chaqueta que costaba 200 € la rebajan un 10 %; y en segundas rebajas, un 30 % sobre el precio rebajado. ¿Cuánto cuesta finalmente la chaqueta?

28 Isabel va a comprar al mercado y descubre que la merluza cuesta 6,5 €/kg en una parada y vale un 2 % más cara en otra parada. ¿Cuánto cuesta la merluza en esa otra parada?

Cálculo mental y problemas

29 Compara las siguientes parejas de fracciones y rodea la más grande en cada caso:

$\frac{29}{5}$ y $\frac{29}{25}$ $\qquad$ $\frac{4}{34}$ y $\frac{8}{34}$

30 Calcula:

$\frac{34}{3} + \frac{42}{3} =$

$\frac{6}{10} + \frac{1}{10} =$

$\frac{12}{4} + \frac{30}{4} =$

$\frac{8}{25} - \frac{7}{25} =$

$\frac{64}{12} - \frac{12}{12} =$

$\frac{24}{17} - \frac{21}{17} =$

$4 \times \frac{9}{7} =$

$\frac{6}{4} \times 12 =$

$8 \times \frac{8}{24} =$

31 Indica a qué fracciones corresponden los siguientes rectángulos coloreados:

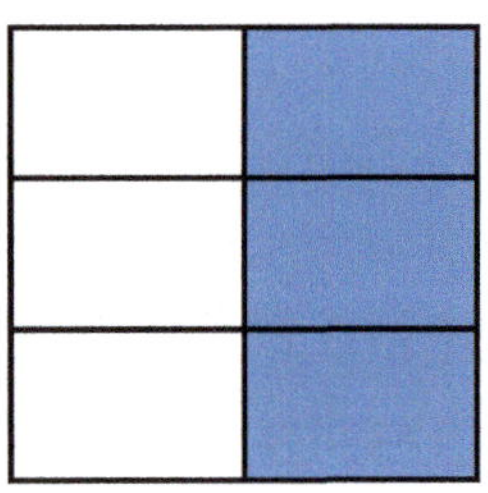

$\frac{\square}{\square}$

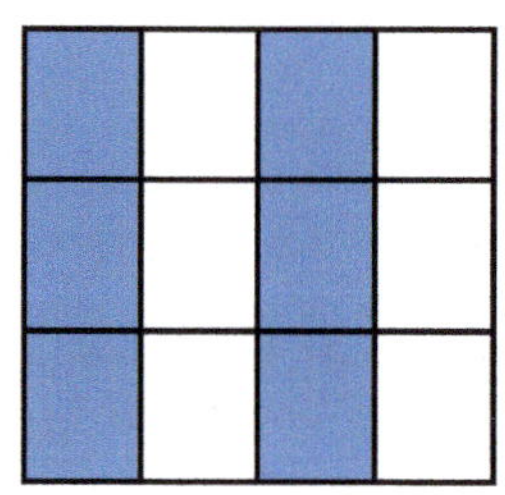

$\frac{\square}{\square}$

– ¿Son equivalentes?

32 David y Marcos han dividido 1 tarta en 8 trozos iguales. David ya ha comido 3/8 de la tarta y Marcos 2/8.

– ¿Se la han terminado?

– ¿Cuántos trozos les quedan todavía?

– ¿Han comido más de la mitad de la tarta o menos?

Unidad 7

Masa: múltiplos y submúltiplos del gramo

1 ¿Verdadero o falso? Marca la opción correcta.

Una tonelada son 100 quintales.	V	F
Un quintal son 100 hectogramos.	V	F
Un miriagramo son 10 kilogramos.	V	F
Una tonelada son 5 quintales.	V	F
Un quintal son 100 kilogramos.	V	F
Un miriagramo son 10.000 gramos.	V	F

2 Relaciona las cantidades equivalentes de cada columna.

10 g	1 kg	1.000 cg
1.000 g	1 dag	0,1 cg
0,001 g	1 cg	10 mg
0,01 g	1 mg	100.000 cg

3 Completa las siguientes igualdades para que sean ciertas:

2.000 kg = ______ g

1.640 dg = ______ g

150 cg = ______ g

850 dag = ______ g

648.471 mg = ______ g

3 hg = ______ g

Cambios de unidad

4 Completa:

	____	× 10	× 10	____	× 10	____
____	hg	dag	____	dg	____	mg
	____	: 10	: 10	____	____	: 10

5 Fíjate en el ejemplo y expresa en gramos las siguientes cantidades:

3,48 kg	=	3,48 x 1.000	=	3.480 g
24,89 hg	=		=	
6 dag	=		=	
345 dg	=		=	
98 cg	=		=	
9.347 mg	=		=	

6 Completa:

250 kg = ____ mag = ____ q = ____ t

600 hg = ____ kg = ____ mag

24 kg = ____ hg = ____ dag = ____ g

50 q = ____ mag = ____ kg

200 kg = ____ hg = ____ g

900 dg = ____ cg = ____ mg

Operaciones con unidades de masa

7 Resuelve las siguientes operaciones y expresa el resultado en la unidad correspondiente:

25 g x 12 =

3.149 cg x 3 =

22.780 dg x 5 =

8 Para preparar macarrones para sus cuatro nietos, la abuela de Daniel necesita 0,5 kg de macarrones. Si, además, vienen los padres de Daniel a comer, ¿cuántos kilos de macarrones necesitará para preparar la comida?

9 Completa las siguientes operaciones:

12 kg + 3 kg = ______________ kg

74 dg + 3 g = ______________ dg

348 cg + 147 cg = ______________ cg

1.050 mg + 310 g = ______________ mg

10 Carolina y su hermana van a la panadería y compran 2 barras de medio kilo, 300 g de cruasanes de chocolate y 150 g de harina. ¿Cuánto peso llevan en la cesta de la compra?

Capacidad: múltiplos y submúltiplos del litro. Equivalencias

11 Relaciona las columnas.

5 L	0,05 hL
12,3 L	12.300 mL
348 L	34.800 cL
1.378 L	1,378 kL

12 ¿Cuántos litros contiene el depósito de un coche de 6 daL?

13 Completa:

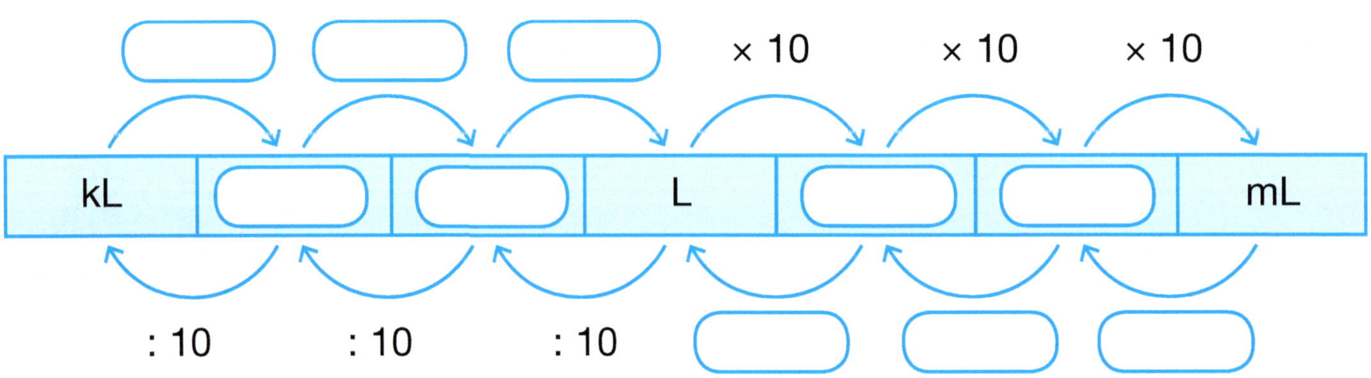

14 Relaciona con la unidad que corresponda:

- 340 L = 34.000 ______
- 2 kL = 20.000 ______
- 1.240 daL = 12,4 ______
- 134 L = 1,34 ______
- 750 cL = 7,5 ______
- 0,74 daL = 7.400 ______
- 51 L = 5,1 ______

kL · hL · daL · L · dL · cL · mL

15 Completa:

625 daL = ______ L = ______ cL

2.400 cL = ______ dL = ______ L = ______ daL

500 L = ______ dL = ______ cL

5.300 mL = ______ cL = ______ L

120 hL = ______ daL = ______ dL

850 cL = ______ dL = ______ L

Operaciones con unidades de capacidad

16 Un agricultor tiene 12 garrafas vacías de 3 L cada una y 7 botellas de agua de 1,5 L cada una. ¿Cuántas garrafas podrá llenar?

17 Miguel ha comprado 12 latas de refresco. Si cada lata contiene 33 cL, ¿cuántos litros de refresco ha comprado?

18 Completa las siguientes operaciones. Exprésalo todo en la misma unidad para poder sumar o restar.

240 daL + 20 dL =

24.300 hL + 3.120 L=

340 daL – 2.405 L =

2.500 kL – 10.000 hL =

19 ¿Cuántas botellas de 1 L de leche necesitamos para llenar 1 barril de 1 hL?

Expresiones complejas e incomplejas

20 Expresa las siguientes unidades de masa en medida incompleja. Escoge la unidad que prefieras.

2 kg 4 hg 2 dag	
1 dg 6 cg 2 mg	
3 hg 1 dag 8 g	

21 Relaciona las expresiones complejas con las expresiones incomplejas correspondientes.

5 hL 2 L 6 dL	350 dL
3 daL 5 L	34.502,3 hL
3.450 kL 2 hL 3 daL	502,6 L

22 Expresa las siguientes unidades de forma compleja:

326 L = 3 hL 2 dal 6 L

2.340 cL=	2,487 kL=
98,357 hL=	0,458 daL=

23 ¿Expresión compleja o incompleja? Clasifica:

3 q 9 mag 6 kg 8 hg 2 dag

900 t

65 kg

7 dg 4 cg 9 mg

35,7 L

27,36 daL

1 L 8 dL 9 cL 2 mL

4 hL 8 daL 9 cL

Expresión compleja	Expresión incompleja

24 ¿Verdadero o falso? Corrige las afirmaciones incorrectas.

Para pasar una expresión de forma compleja a incompleja, pasamos los valores mayores que 10 a unidades superiores y escribimos la expresión incompleja. V F

Para pasar una expresión de forma incompleja a compleja, pasamos todos los valores a una sola unidad y después sumamos los valores obtenidos. V F

Suma en forma compleja

25 Suma las siguientes cantidades y expresa el resultado de forma incompleja. Escoge la unidad que prefieras.

2 dag 9 g 8 dg + 2 g 6 dg 1 cg 2 mg

1 hg 2 dag + 5 dg 8 cg 9 mg

4 hL 8 daL + 2 hL 6 daL 1 dL 8 cL

1 kL 9 hL 2 daL 9 L +
4 hL 7 daL 1 L 6 dL

26 Carla y su madre preparan una tarta con los siguientes ingredientes: 200 g de harina, 150 g de azúcar, 30 g de yogur, 20 cL de aceite, 200 mL de leche. ¿Cuánto pesan los ingredientes sólidos? ¿Qué cantidad, en centilitros, de ingredientes líquidos utilizan?

27 El hermano pequeño de Carlos pesa 24 kg 400 g y su hermana pequeña pesa 13,2 kg. Si su padre los lleva a los dos en brazos, ¿cuánto peso carga en total?

Multiplicación en forma compleja

28 Realiza las siguientes multiplicaciones expresadas en forma compleja:

1 dag 4 g 5 dg 5 mg × 4

1 hg 2 dag 5 dg 9 cg 8 mg × 15

2 mag 6 kg 3 hg 1 dag 9 g × 5

4 hg 1 g 5 dg × 26

29 ¿Cuál de estas multiplicaciones da como resultado 12,482 kL? Expresa los resultados de forma incompleja.

12 kL 4 daL 8 L 4 cL × 5

6 kL 2 hL 4 daL 1 L × 2

9 kL 6 hL 1 L × 2

30 El cartero trae 3 paquetes de 2 kg 3 hg cada uno. ¿Cuánto pesan en total los 3 paquetes?

Unidad 8

Polígonos. Elementos y clasificación

1 Marca o dibuja siguiendo el código:

lados   vértices   ángulos   diagonales

– ¿Cuál de ellos es un polígono regular? ______

2 Relaciona cada polígono con su número de lados.

Triángulo	5 lados
Cuadrilátero	7 lados
Pentágono	8 lados
Hexágono	4 lados
Heptágono	3 lados
Octógono	6 lados

3 Dibuja los polígonos indicados:

Triángulo	Cuadrilátero	Pentágono
Hexágono	Heptágono	Octógono

– ¿Puede un polígono tener 2 lados? Razona tu respuesta.

4 Dibuja un polígono de 12 lados.

– ¿Qué nombre recibe un polígono de 12 lados?

5 Dibuja para completar la siguiente tabla:

Polígono	Cóncavo	Convexo
Cuadrilátero		
Octógono		
Decágono		

6 Describe los siguientes polígonos indicando cuántos lados los forman, si son irregulares o regulares y si son cóncavos o convexos:

Perímetro de figuras planas

7 Calcula el perímetro del siguiente polígono irregular:

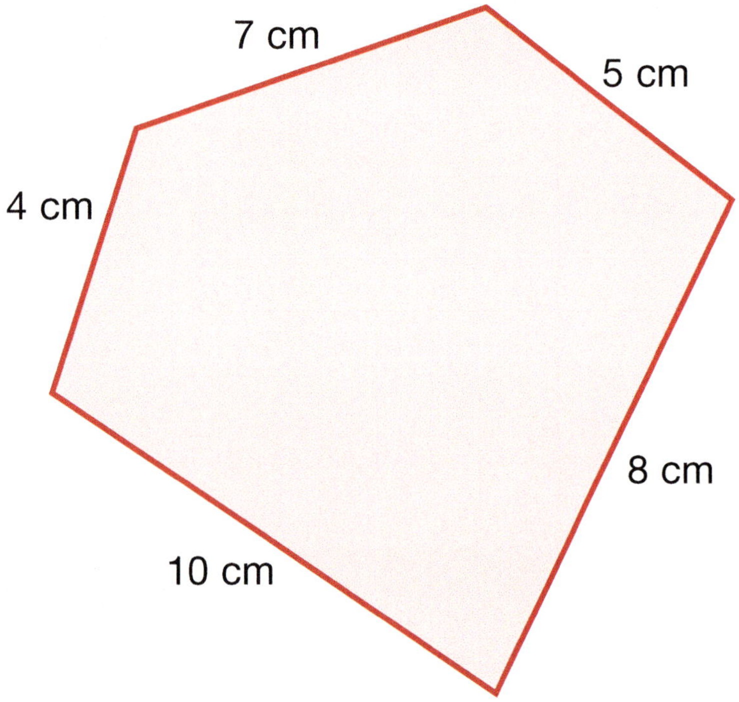

8 Sabiendo que el perímetro del siguiente polígono mide 25 cm, ¿cuánto mide el lado que falta?

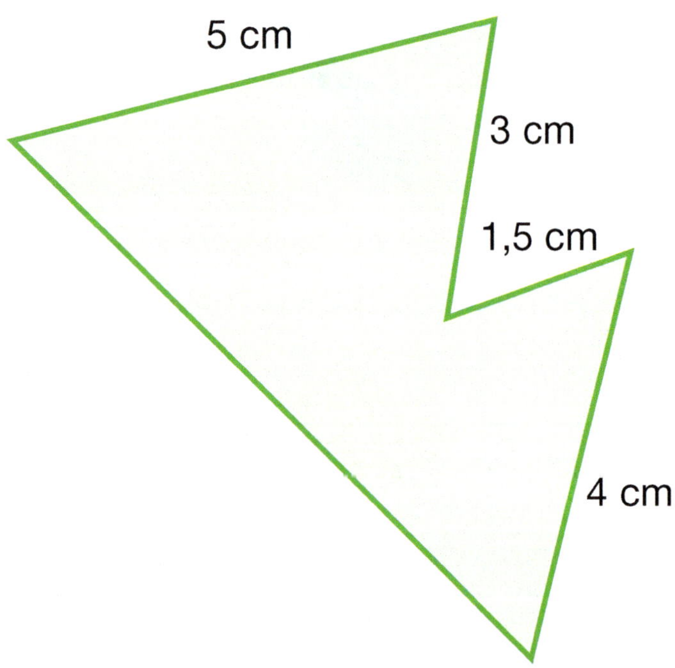

9 ¿Qué perímetro es mayor, el de un octógono de lado 2,7 cm o el de un dodecágono de 2,3 cm de lado? Calcula y responde:

10 Completa la siguiente tabla:

Polígono	Lado	Perímetro
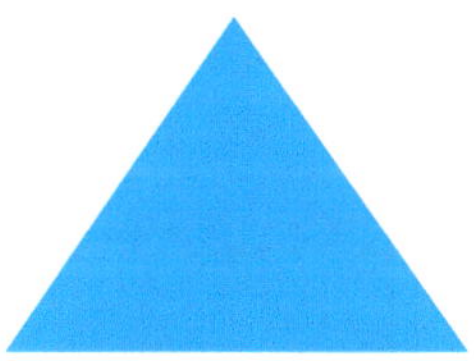	2,5 cm	______ cm
	______ cm	20 cm
	______ cm	60 cm
	15,25 cm	______ cm

Triángulos: propiedades y tipos

11 ¿Cuánto suman siempre los ángulos de un triángulo?

____

12 Completa los nombres de estos triángulos según si los clasificamos por sus ángulos o por sus lados:

Ángulos	______	______	______
	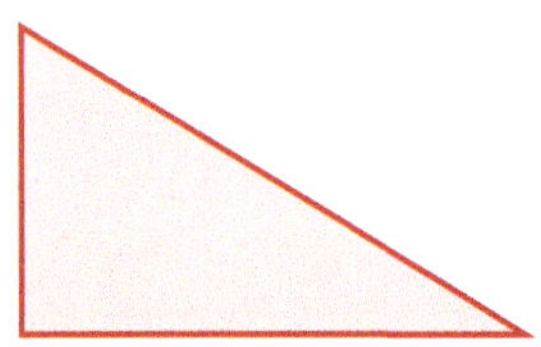	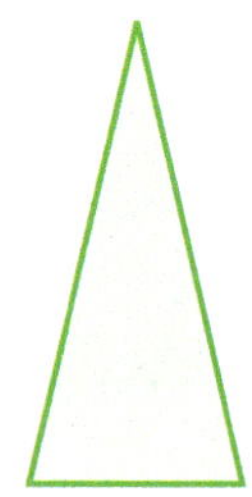	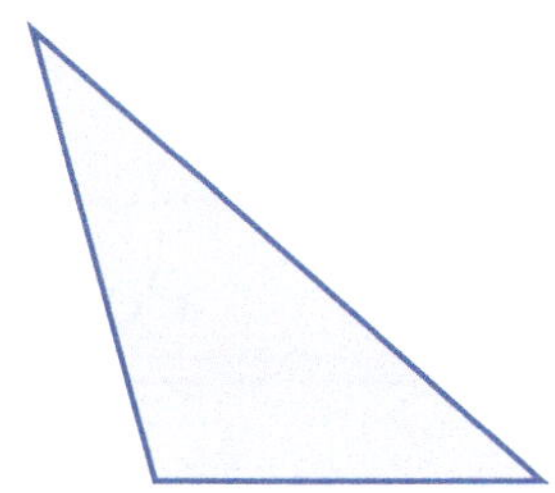
Lados	______	______	______
	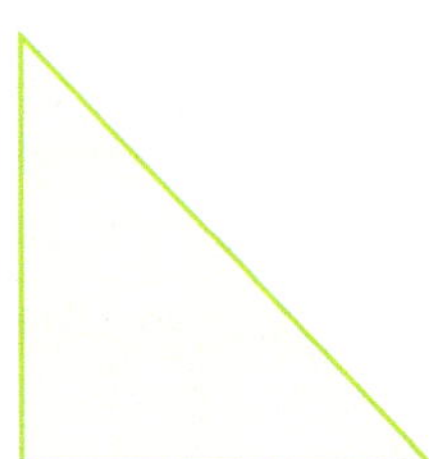	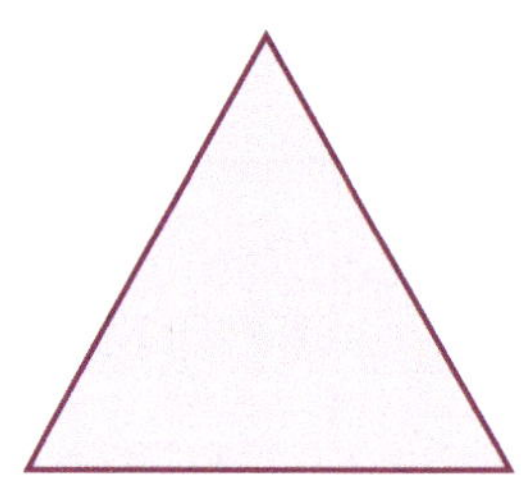	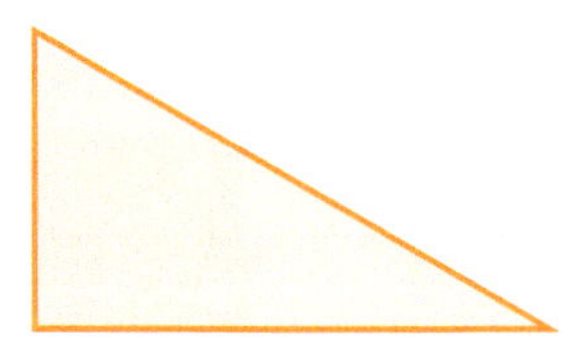

13 ¿Qué propiedades cumple este triángulo?

Sus lados son: ______________________

Sus ángulos son: ______________________

14 Si uno de los ángulos de este triángulo vale 28°, ¿cuánto miden el resto de ángulos?

____

Cuadriláteros: propiedades y tipos

15 Completa con los nombres de cada cuadrilátero:

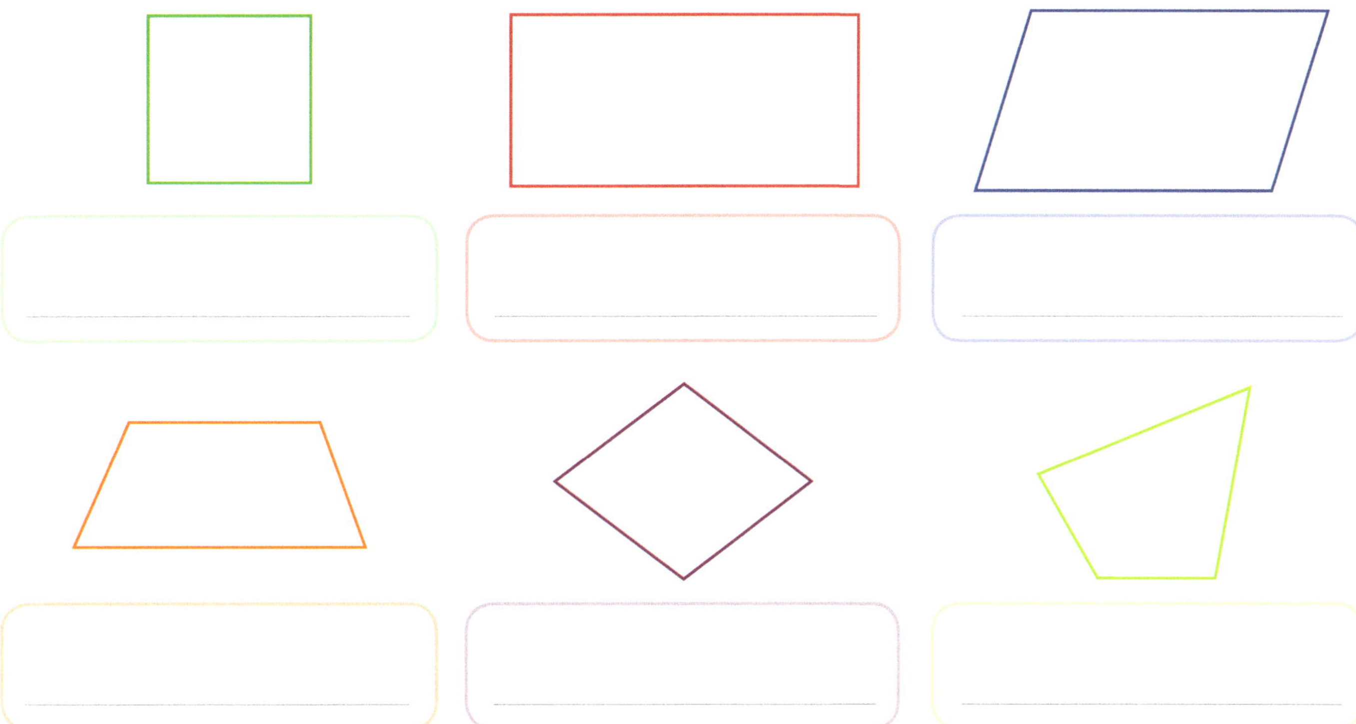

16 Imagina que tenemos dos jardines como los siguientes. Si queremos poner una verja que los rodee, ¿con cuál de ellos necesitaremos más valla?

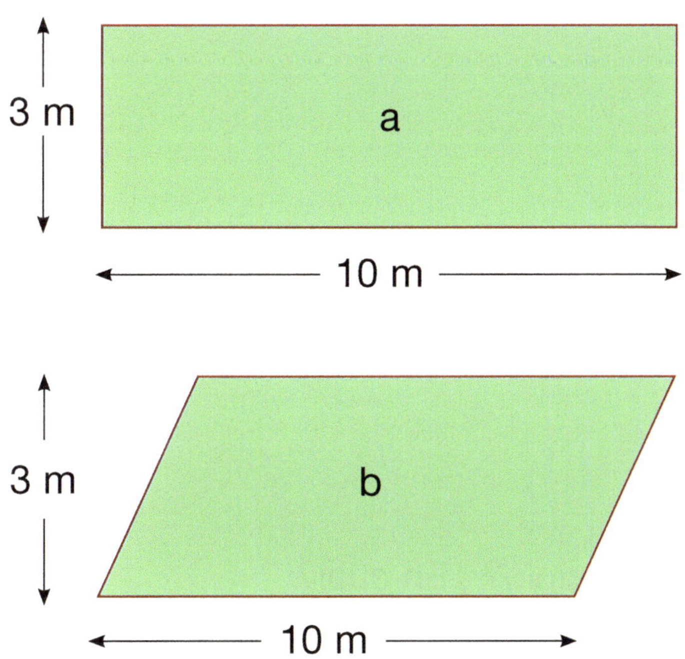

Simetrías, giros y traslaciones

17 Completa las siguientes figuras teniendo en cuenta el eje de simetría en cada caso:

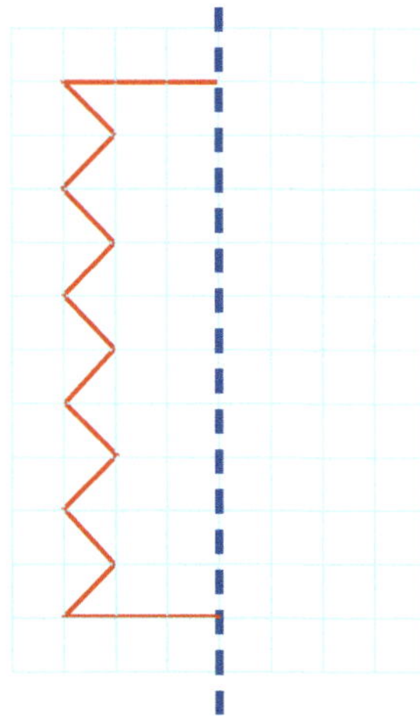

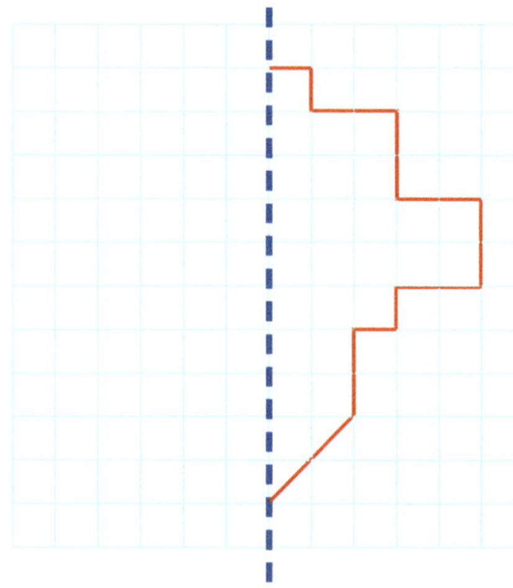

18 Gira las siguientes figuras la cantidad de grados indicada:

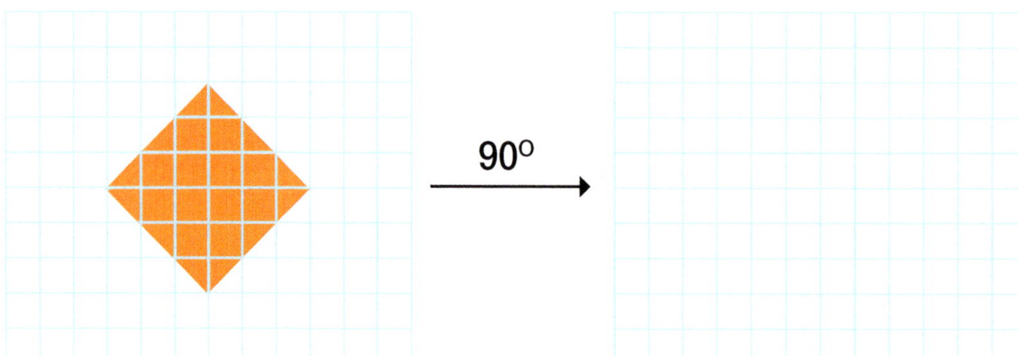

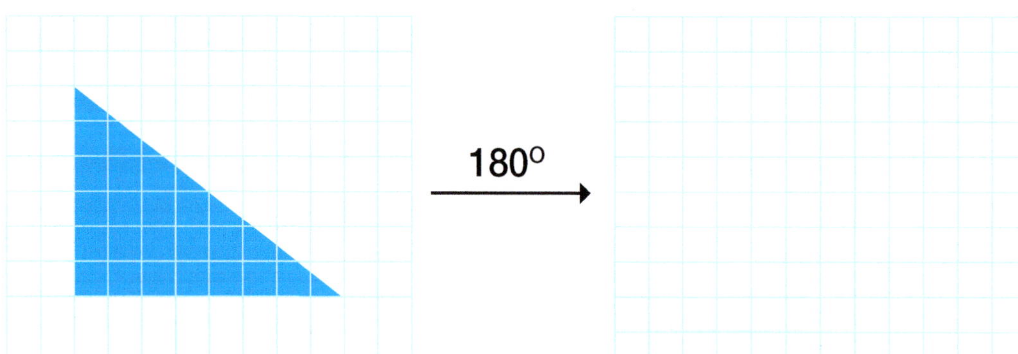

– ¿En algún caso queda igual que al principio? ¿En cuál?

19 **Completa siguiendo las indicaciones:**

– Aplica una traslación horizontal de 15 cuadrados hacia la derecha y una traslación vertical de 3 cuadrados hacia arriba.

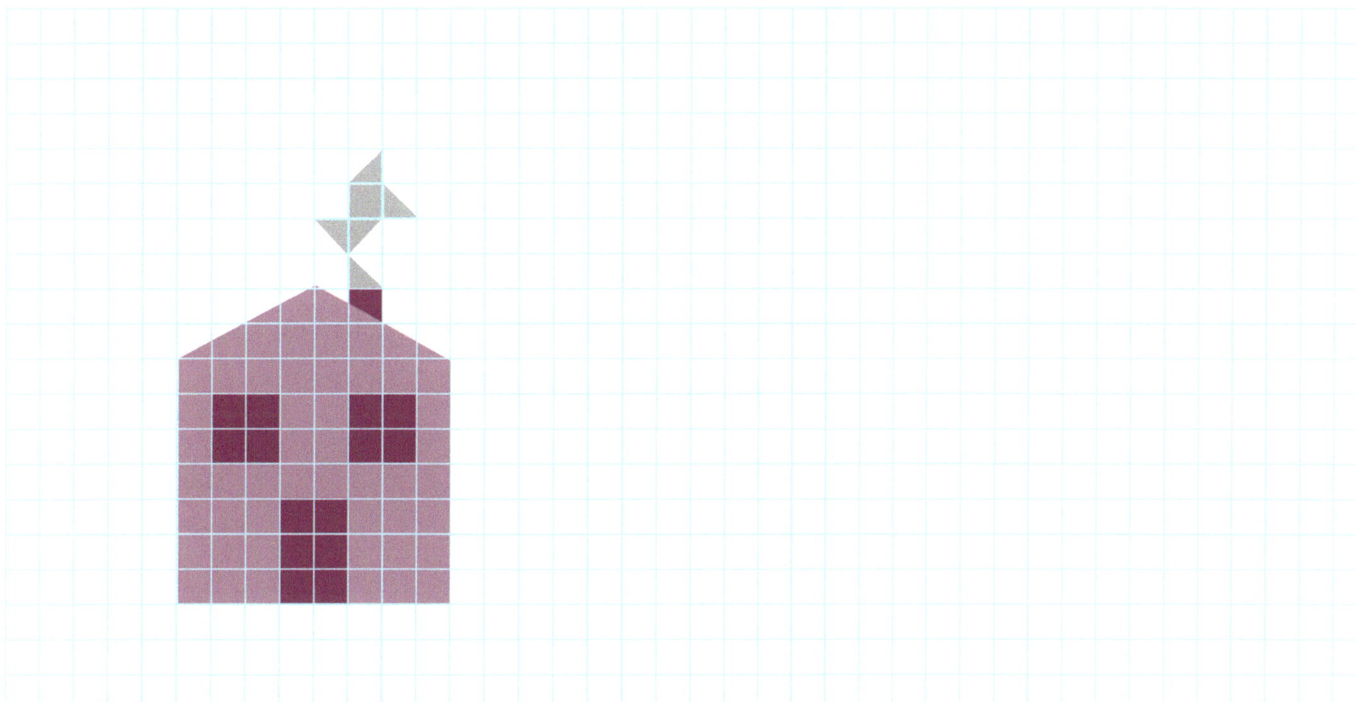

– Aplica una traslación horizontal de 13 cuadrados a la izquierda y una traslación vertical de 4 cuadrados hacia arriba.

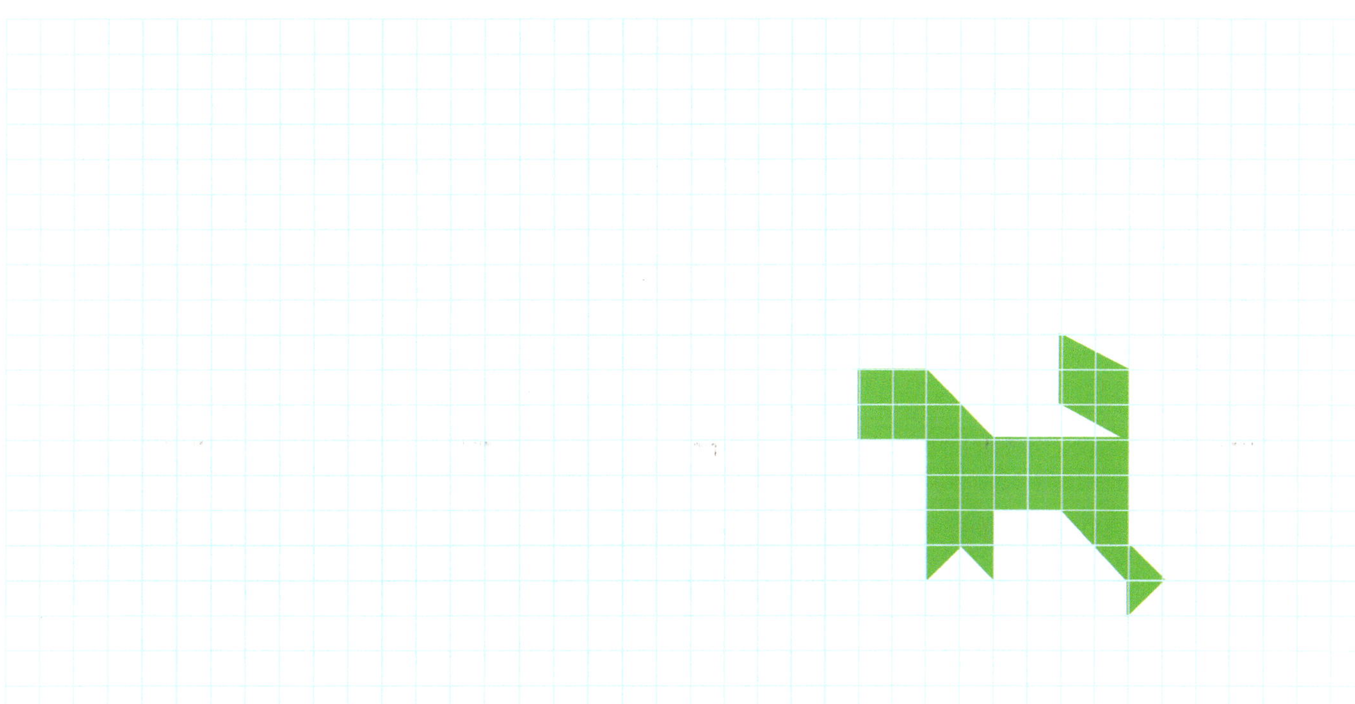

Los poliedros regulares

20 **Señala en esta pirámide los elementos principales: cara, vértice, arista.**

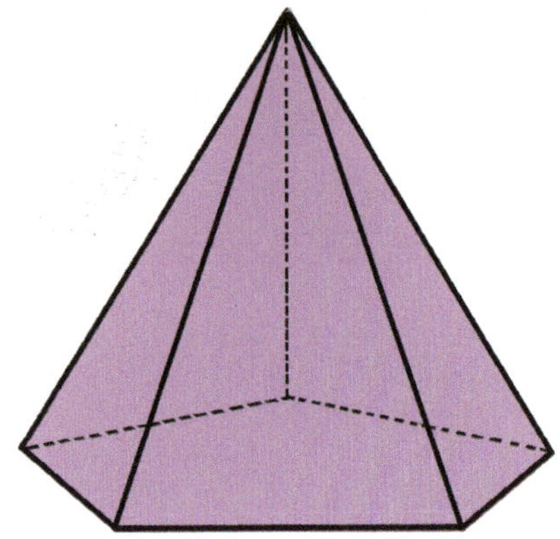

– ¿Qué polígono es la base?

– ¿Qué polígono son las caras laterales?

21 **Indica el nombre de cada uno de estos poliedros regulares. Cuenta las caras que tienen e indica también el polígono que son las caras:**

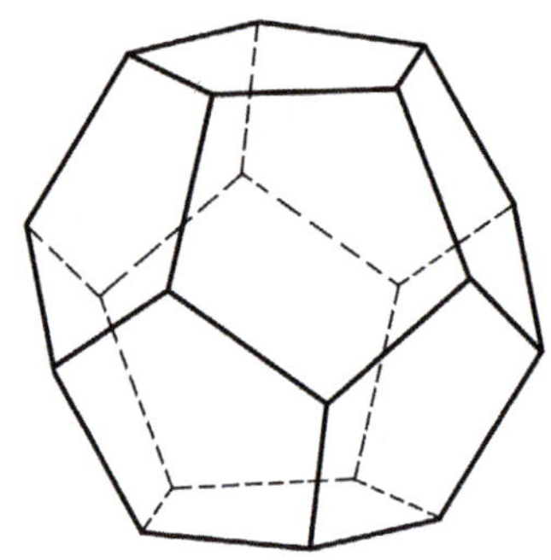

Nombre:

Número de caras:

Polígono que forma cada una de sus caras:

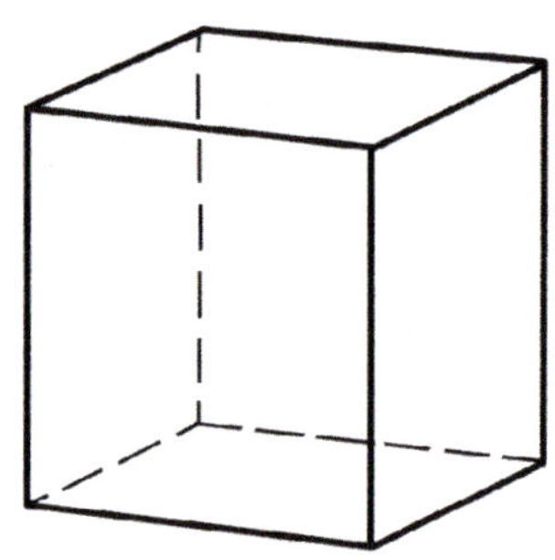

Nombre:

Número de caras:

Polígono que forma cada una de sus caras:

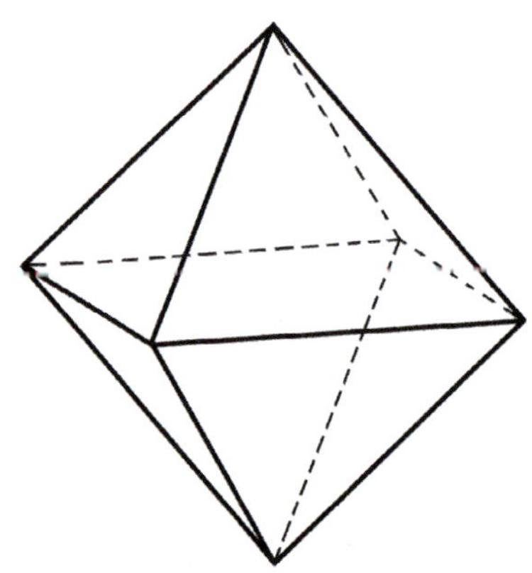

Nombre:

Número de caras:

Polígono que forma cada una de sus caras: